Dagoumer

UN MOT

SUR

LES EXPÉRIENCES

DE M. LE DOCTEUR MAGENDIE,

PAR T. DAGOUMER.

PRIX : 5o CENTIMES.

PARIS,

GABON et C°, libraires, rue de l'École de Médecine ;
DELAUNAY, libraire, Palais-Royal, galerie de bois.

1824.

UN MOT

SUR LES EXPÉRIENCES

DE M. LE DOCTEUR MAGENDIE,

ou

DOUTES SUR LA CAUSE DU VOMISSEMENT,

DÉDUITE DES EXPÉRIENCES FAITES PAR CE MÉDECIN.

Dans le dernier siècle, deux médecins, qui jouissaient d'une grande célébrité, se trouvaient partagés d'opinions sur la cause mécanique du vomissement.

P. Chirac, de Montpellier, fondé sur des expériences qu'il avait faites, se croyait autorisé à penser et à avancer que le vomissement s'opère au moyen des contractions du diaphragme et de la pression exercée sur l'estomac par les muscles du ventre. Dans cette hypothèse, l'estomac se trouvait être passif.

Quelque temps après, Haller, appuyé sur d'autres expériences qui lui étaient propres, voyait ce phénomène d'un autre œil, et le concevait d'une tout autre manière; il s'arrêta à cette opinion contraire à celle de Chirac que le vomissement est dû aux contractions de l'estomac. Voilà ces deux grands maîtres en opposition, et leurs disciples aux prises. Après de longs débats, auxquels le temps et la satiété mirent fin, la question resta au point où on l'avait prise, pour tomber dans l'oubli. Il appartenait à notre siècle, où la médecine est exclusivement anatomique et toute expérimentale, et il convenait plus particulièrement à un homme qui fait sa grande occupation des expériences sur les animaux vivans, de reproduire la question du vomissement et de tenter d'en donner une solution décisive. C'est aussi ce qui a été fait avec la plus honorable distinction par M. le docteur Magendie. Des expériences capitales, dont l'idée neuve appartient à ce célèbre médecin, et qu'il a exécutées avec une courageuse habileté, l'ont mis à même de comparer les opinions de Chirac et d'Haller, de rejeter celle de ce dernier, et d'adopter et de confirmer celle du médecin de Montpellier.

(5)

....si que Chirac, M. Magendie regarde comme évident et, de plus, comme un fait positif, que l'estomac est passif dans le vomissement, et que cet effort est dû aux contractions du diaphragme et à la pression des muscles abdominaux. Tel est le résultat d'un travail dont M. Magendie rend compte dans un mémoire qui a été lu à l'Institut et livré à l'impression en 1813.

M. Magendie a-t-il complètement résolu la question du vomissement débattue avant lui? S'il nous est permis de parler, nous dirons que nous n'en sommes pas entièrement convaincus: et l'accueil aussi prudent que flatteur du corps savant auquel il a soumis son travail, nous permettra d'élever des doutes sur les inductions qu'il tire de ses expériences. Nous allons proposer quelques-uns de ces doutes.

Nous commencerons par une réflexion que nous avons souvent faite au sujet des expériences pratiquées sur les animaux vivans. Nous demanderons si la torture à laquelle on les applique, peut leur arracher d'autre aveu, que celui de la rage impuissante, du désespoir et de la douleur portée à son comble. Ces sortes d'expériences endurcissent nécessairement le cœur : mais ne faussent-elles pas le jugement? ne gâtent-elles pas l'esprit (1)? Les tourmens auxquels les animaux sont en proie, ne les jettent-ils pas dans des convulsions qui n'ont lieu que quand on les provoque par des moyens aussi barbares, et qui, par conséquent, sont sans analogie avec les accidens morbifiques auxquels on veut les comparer? Est-il bien certain, par exemple, que les phénomènes que M. Magendie a observés en expérimentant à sa manière, puissent être comparés à ce qui se passe dans le vomissement naturel, et que les inductions qu'il tire de ses expériences méritent le degré de confiance qu'on leur accorde? C'est ce dont il est permis de douter.

Des médecins ont avancé que les ouvertures de cadavres n'apprennent rien. Nous n'adop-

---

(1) Dans l'introduction de mon *Essai sur le gaz azote atmosphérique, considéré dans ses rapports avec l'existence animale*, lu à l'Institut, en 1814, j'ai mis en note cette réflexion, avec l'intention exprimée de m'en occuper par la suite. Les dix années qui se sont écoulées depuis n'ont rien changé à mes idées sur ce point; elles n'ont fait que les confirmer de plus en plus.

tons pas ce sentiment qui est exagéré ; elles peuvent avoir leur utilité, mais peut-être serait-il vrai de dire que les observations cadavériques, dans maintes occasions, ressemblent aux observations météorologiques qui disent bien le temps de la veille et se taisent sur le temps du lendemain. Quelquefois aussi, qu'on nous le pardonne, elles rappèlent au souvenir les propos que Molière met dans la bouche de Toinette déguisée en médecin, au moment où elle quitte le malade imaginaire (1). A l'égard des expériences sur les animaux vivans, il y a plus encore à dire de la manière dont on s'y prend. Si le cadavre est une habi-

---

(1) **TOINETTE.**

Adieu, je suis fâché de vous quitter sitôt, mais il faut que je me trouve à une grande consultation qui doit se faire pour un homme qui mourût hier.

ARGAN.

Pour un homme qui mourût hier ?

TOINETTE.

Oui, pour aviser et voir à ce qu'il aurait fallu lui faire pour le guérir.

(*Act.* III, *Scèn.* XIV.)

tation déserte, les animaux tenaillés, mutilés, représentent une cité livrée au-dehors à la fureur des ennemis, et au-dedans en proie à toutes les calamités. Ce serait mal choisir, sans doute, que de prendre un pareil moment pour juger des lois, des mœurs et de l'industrie de ses habitans. Lorsque les physiologistes se livrent à des expériences cruelles, qu'ils supplicient les animaux pour faire leurs observations, ne choisissent-ils pas aussi mal leur temps ? Voilà ce qui justifie ce que j'ai avancé plus haut, en disant que ces sortes d'expériences mettent le jugement en défaut. Dans le désordre épouvantable qui règne alors, où tous les traits de l'animalité sont défigurés, s'il est possible d'en reconnaître quelques-uns, peut-on, sans défiance, conclure d'un pareil état de choses, dont la mort est la suite inévitable, aux efforts violents mais naturels, aux moyens desquels le corps, livré à ses propres forces, parvient le plus souvent à se débarrasser d'une cause qui le gêne, l'opprime et menace sa vie.

Les doutes qui s'élèvent contre les expériences de M. Magendie ont encore une autre source. Celle-ci veut être indiquée. Nous voulons parler d'un défaut d'attention, grave par ses conséquences, dans lequel tombent presque toujours ceux qui font des expériences, dont Chirac et Haller n'ont point été exempts, et que M. Magendie, de son côté, n'a point évité. Il paraît qu'on est tellement capté par ce que le détail des expériences offre de saillant, qu'on perd de vue l'ensemble de son sujet, ou, que préoccupé des petites choses, on ne pense plus aux grandes. Chirac et Haller me paraissent avoir erré en ce point capital, qu'il ont attribué le vomissement à l'action particulière de telle ou telle partie, lorsqu'il doit nécessairement résulter du concours et de l'action d'autres parties dont ils n'ont pas tenu compte. Pourquoi, par exemple, faire dépendre, comme Haller et Duverney, le vomissement des seules contractions de l'estomac, ou, comme Chirac et M. Magendie, supposer l'estomac entièrement passif, et rapporter le vomissement d'une manière exclusive, aux contractions du diaphragme et à la pression des muscles abdominaux ? Pourquoi ne résulterait-il pas de l'action simultanée de toutes ces parties ? La masse des intestins et le mouvement anti-péristaltique n'y entreraient-ils pour rien ? Développons notre idée. Par quel mécanisme ou par le mé-

canisme de quelles parties les excrémens sont-
ils rendus par la bouche dans le *volvulus ileus*.
Les contractions du diaphragme et la pression
des muscles du ventre ne paraissent guère de-
voir et pouvoir y contribuer. N'est-il pas des
cas où la masse des intestins, comme Bordeù
l'a soupçonné, se soulève, se porte brusquement vers le diaphragme, fait une irruption
soudaine, et comprime l'estomac du bas en
haut? La pression latérale et la pression su-
périeure ne seraient-elles que des auxiliaires de
cette pression intestinale? Enfin, pourquoi l'estomac, dans le vomissement, ne serait-il pas
pressé, comprimé dans tous les sens?

En admettant l'estomac passif dans le vomissement, comme le prétend M. Magendie d'a-
près ses expériences, il s'élève de grandes dif-
ficultés. A quoi sert alors la tunique muscu-
laire de l'estomac, remarquable par son irri-
tabilité, et dans cette tunique quel est l'usage
des trois plans de fibres, les unes longitudi-
nales, les autres perpendiculaires, les troisiè-
mes obliques? Ces trois plans de fibres musculaires s'observent de même dans le tube in-
testinal, auquel on reconnaît un mouvement

péristaltique (1). L'estomac étant supposé passif dans le vomissement, les fibres musculaires de ce viscère se trouvent être sans usage. L'anatomie est contre cette supposition.

Plaçons ici une réflexion qui paraît avoir échappé à Chirac et à M. Magendie. Si le canal alimentaire jouit d'une action non contestée dans toute son étendue, c'est-à-dire, de-

---

(1) Un mouvement semblable, quoiqu'il ne porte pas le même nom, appartient à l'œsophage dont l'organisation est différente de celle des intestins; car on sait que les alimens ne descendent pas dans l'estomac par leur propre poids, mais par un mouvement de pression qui s'exécute progressivement de haut en bas dans toute la longueur du canal œsophagien.

C'est par un mouvement contraire, que l'on pourrait nommer *anti-déglutitif*, et qui a de l'analogie avec le mouvement anti-péristaltique, que la nourriture est dégorgée par les oiseaux qui nourrissent leurs petits. Elle ne peut revenir de l'estomac dans leur bec que par une action opposée à celle d'avaler.

Le même mouvement anti-déglutitif a lieu dans la rumination, lorsque les alimens, entassés d'abord et macérés dans le *rumen*, ou la panse, sont ramenés de l'estomac dans la bouche des animaux, pour y être broyés par la mastication.

puis le pharynx jusqu'à l'anus; si l'action des intestins s'étend depuis le pylore jusqu'à l'anus, et celle de l'œsophage, depuis le cardia jusqu'au pharynx, comment ces médecins n'ont-ils pas réfléchi qu'en admettant l'inertie complette de l'estomac dans le vomissement, c'était supposer, chose impossible, une solution de continuité dans l'action totale du canal alimentaire ; que c'était priver de son action et de la première de ses facultés la partie du canal alimentaire qui en a le plus besoin et qui doit en jouir au plus haut degré, à raison de son importance et de l'importance de la fonction à laquelle elle est destinée. La thèse de l'inertie de l'estomac est donc imaginaire.

Que l'estomac ait une force de contraction moindre que celle des intestins et de l'œsophage, c'est ce dont on peut convenir lorsqu'on considère les capacités respectives de ces diverses parties et la puissance de leurs tuniques musculaires, mais que celle de l'estomac soit nulle, c'est, pour le dire une autre fois, ce qui ne peut être admis. L'action de l'estomac a besoin d'aide; seul, il ne se contracterait peut-être pas d'une manière assez violente et assez brusque pour opérer le vomissement.

Mais aidé, on peut concevoir qu'il y coopère puissament en revenant sur lui-même, en se contractant à la manière de la vessie urinaire et même de la matrice si la comparaison était permise.

Je connais quelqu'un qui, pendant dix-huit mois, a été sujet à un vomissement quotidien et périodique. D'après ce qu'il m'a raconté à ce sujet, le vomissement avait lieu régulièrement deux heures après son dîner, pendant une promenade qu'il était dans l'habitude de faire. Un sentiment de malaise et une pesanteur d'estomac qu'il éprouvait tout-à-coup, l'avertissaient de suspendre sa marche, et bientôt les alimens étaient rejetés par un simple soulevement d'estomac sans aucun effort qui annonçât une contraction interne violente, et nécessitât, de la part des muscles du ventre, une action extraordinaire. Les alimens rejetés, il continuait sa marche.

Si je pouvais me citer, je me donnerais pour exemple d'une anomalie bien singulière, qui n'est pas étrangère à la question du vomissement. Étant dans ma vingt-huitième année et dans la convalescence longue et douloureuse d'une maladie chronique dont j'avais ressenti les premières atteintes en Italie, je m'aperçus, aussitôt que je pus prendre des alimens solides et varier ma nourriture, que mon estomac avait une aversion décidée pour la viande de mouton. En effet, toutes les fois que j'en mangeais, peu de temps après le repas, je le rendais parcelles par parcelles au moyen d'une espèce de rumination. Cette rumination, qui ne paraissait pas troubler la digestion, parce qu'elle n'était accompagnée d'aucune nausée, d'aucun rapport désagréable, et qu'elle laissait l'haleine douce, durait tant qu'il y avait dans l'estomac un atôme de mouton mêlé aux autres alimens. Après plusieurs tentatives faites pour m'assurer s'il y avait imagination de ma part ou antipathie de la part de mon estomac, je m'abstins de manger du mouton et la rumination n'eut plus lieu.

C'est le propre des maladies chroniques de rendre les personnes qui en sont atteintes très-attentives à ce qu'elles ressentent : quand elles ne sont pas occupées à s'affliger, elles le sont à se tâter. Je n'étais point du nombre de celles qui s'affligent, mais de celles qui se tâtent, et je puis dire que je me tâtais sans pusillanimité, aussi rien de ce qui se passait

(15)

dans mon être ne m'échappait. Il arrive souvent que des petits morceaux de charbon,
qui adhèrent à la croûte du pain, échappent
à la dent et sont avalés sans qu'on y prenne
garde. Lorsque cela m'arrivait, le charbon
revenait de même que le mouton, et je le
trouvais se promenant sur ma langue. J'étais
alors loin d'avoir l'instruction et l'expérience
que j'ai acquises, mais ce fait, tout petit qu'il
était, me paraissait très-remarquable. Je le cite
aujourd'hui, ainsi que le précédent, pour de-
mander quel rapport il peut y avoir entre les
contractions du diaphragme, la pression des
muscles abdominaux et le renvoi d'un atôme
de mouton ou de charbon contenu dans l'estomac, et si ces faits, donnés par l'observation,
n'indiquent pas une action particulière de l'estomac, totalement indépendante de celle des autres organes auxquels M. Magendie attribue spé-
cialement et exclusivement l'action de vomir.

La section des muscles abdominaux sur la
longueur et par le travers, est-elle un moyen
bien sûr pour acquérir la certitude que l'estomac ne se contracte pas dans le vomissement
ordinaire? Que conclure de l'augmentation du
volume de l'estomac et de l'effort qu'il fait, en

conséquence , pour s'échapper par l'ouverture pratiquée aux tégumens ? Rien de ce qu'infère M. Magendie. L'augmentation de l'estomac est due à l'air introduit dans le viscère. Mais de ce qu'il est capable de dilatation et d'extension lorsqu'il est en liberté et qu'il a perdu son ressort, s'ensuit-il qu'il ne puisse se contracter lorsqu'il est enfermé et qu'il jouit de toute sa contractibilité ? La dilatation n'emporte-t-elle pas avec elle l'idée de la rétraction? Quant à l'effort que fait l'estomac pour s'échapper , n'est-il pas une suite nécessaire de son augmentation? Il sort d'une capacité dans laquelle il ne peut plus être contenu. Tout cela , je le répète , ne prouve pas que l'estomac soit incapable de contraction.

Supposons qu'au moment où une chienne souffre pour mettre bas , on fasse à l'hypogastre la section que M. Magendie a pratiquée à l'épigastre. Si la chienne ne peut mettre bas sa portée, admettra-t-on pour cela que la matrice est passive dans l'enfantement, et que l'accouchement est dû à la pression qu'exercent sur la matrice les muscles de l'hypogastre. Les accoucheurs ne seront point de cet avis. Dira-t-on également que dans les constipations rebelles

l'expulsion des excrémens endurcis est due à la
seule pression des muscles du bas-ventre ? Sans
doute ils agissent, mais ils n'agissent pas seuls.
L'état violent dans lequel se trouvent ceux qui
sont constipés prouve le contraire, et fait voir
que toute la machine y est employée. Nous pensons donc que le vomissement comme tous les
actes qui nécessitent de grands efforts de la part
des corps vivans, ne dépend pas de l'action de
telle partie, mais du concours de toutes, les
unes pour une faible part, les autres pour
une part plus forte, toutes dans une propor-
tion relative à la force de chacune. Adoptant
les vues du père de la médecine nous pourrions
dire, d'après l'étude de nos propres sensations
dans diverses circonstances de la vie, que
toutes les parties du corps vivant n'ont pas
seulement le sentiment de leurs besoins par-
culiers, mais encore que chacune d'elles a une
sorte de conscience du besoin de toutes les
autres; tellement, que si un organe principal
est occupé à remplir ses fonctions, les autres
organes vont à son secours, soit médiatement,
soit immédiatement, soit directement soit indi-
rectement ; ceux-ci, en entrant dans une sorte
d'orgasme pour l'aider, ceux-là, en tombant

dans le relâchement et l'inaction, afin de ne pas offrir une résistance inutile ou contraire à la fonction qui s'exécute, et pour ne pas distraire des forces, telle que la chaleur vitale, le sentiment et l'action organique, qui doivent être réunies et concentrées momentanément dans l'organe qui est en travail. Dans le moment de la digestion, par exemple, où les forces vitales employées à la coction, à la trituration ou à la dissolution des alimens, sont concentrées dans l'estomac, tous les autres organes principaux paraissent évidemment dans un état de repos ou de moindre action : la tête est embarrassée, la circulation languit, la respiration est moins libre, les membres supportent avec peine et fatigue le poids du corps ; on se sent lourd ; il semble que la vie se ralentit dans les organes désœuvrés afin qu'elle soit plus active dans celui qui travaille (1).

____

(1) L'inaction de certaines parties, lorsque d'autres sont en fonction, ne peut être plus manifeste que dans l'exercice des organes destinés à la locomotion. Pour étendre la jambe ou fléchir le bras, il faut nécessairement que les fléchisseurs de la jambe et les extenseurs du bras, ou plus simplement que leurs antagonistes

Comparons maintenant l'expectoration au vomissement. Dans l'un et l'autre cas, il y a expulsion violente de matières ou d'humeurs, et le diaphragme joue également un rôle important quoiqu'inverse. Dans le vomissement, le diaphragme se porte brusquement sur l'estomac : dans la toux, il frappe itérativement les poumons. Supposons maintenant la section des nerfs phréniques. S'il ne peut y avoir de vomissement d'après les expériences de M. Magendie, il ne peut plus y avoir de toux et par conséquent d'expectoration. Sera-t-on en droit de conclure que dans l'expectoration le pou-

---

cèdent; et ils ne peuvent céder qu'en tombant dans un relâchement total, dans l'inaction complète. Si les extenseurs et les fléchisseurs d'un membre se trouvent dans un état de contraction, d'érection égal, le membre ne pourrait ni se fléchir, ni se redresser, il resterait dans l'état où il se trouvait d'abord; tels sont les membres des cataleptiques.

C'est une autre loi de l'économie animale que deux fonctions qui exigent un certain effort, ne peuvent se faire d'un même coup ou dans un même temps; entre le besoin de pisser et celui de vider le rectum, c'est le plus pressé qui commence; dans la règle, on ne peut satisfaire l'un et l'autre à la fois.

mon est entièrement passif, et que l'expulsion des crachats est due uniquement aux secousses du diaphragme ? Nous ne le croyons pas. Nous pensons que le diaphragme, le thorax et les poumons, concourent chacun pour leur part à l'expectoration; et que le diaphragme, les muscles abdominaux, l'estomac, et même les intestins, concourent au vomissement. Que la part d'action de certaines parties telles que le diaphragme soit la plus forte, c'est peut-être la seule induction vraie qu'on puisse tirer des expériences de M. Magendie.

Quant à l'expérience de la vessie de cochon substituée à l'estomac qu'on a enlevé, nous ne pouvons concevoir ce qu'elle a de merveilleux, nous n'y voyons qu'une invention aussi bizarre qu'elle est barbare. Il n'est pas besoin d'expériences particulières pour savoir qu'une vessie remplie d'eau doit se vider par son col maintenu béant quand on la presse. Voilà cependant à quoi se réduit cette fameuse expérience. Qu'une vessie soit pressée par la main ou par un moyen mécanique quelconque, ou qu'elle le soit par le diaphragme séparé de l'estomac et les lambeaux des muscles et de la peau du ventre recousus, il faut nécessairement que l'eau qu'elle contient sorte par l'effet de la compression. Il n'y a rien d'extraordinaire en cela ; une seule chose nous étonne seulement , c'est cette préoccupation de l'esprit, qui permet de comparer la trépidation convulsive des parties lacérées, mutilées, aux efforts momentanés de ces mêmes parties, conservant leur intégrité , et faisant partie du tout animal. C'est l'oubli total de cette première loi des corps vivans : *Confluxus unus , conspiratio una , consentientia omnia.* Hip.

Nous passons à d'autres considérations. Ceux qui se livrent à l'étude de la nature , conviendront que dans les expériences délicates, le moindre fait inaperçu , le plus petit phénomène qui échappe à l'attention peut jeter l'observateur dans une fausse route et l'égarer dans ses raisonnemens. Que penser ici des conséquences que l'on a pu tirer de l'expérience de la vessie , dans laquelle , on n'a tenu aucun compte de la douleur et du changement qu'elle apporte dans le mode d'action des parties plus ou moins lésées et par contre-coup , dans l'état de celles qui sont restées intactes. On voit un animal éventré, un estomac enlevé, des vaisseaux liés, l'extrémité de l'œsophage coupé et appliqué sur une canule de gomme élastique et fortement serré par des tours de fils , les muscles de l'abdomen coupés d'abord puis rapprochés et maintenus par un point de suture. Que de souffrances accumulées dans un être vivant ! D'un autre côté, on aperçoit de graves personnages, de froids témoins, qui, parce qu'ils ne souffrent pas, oublient qu'ils martyrisent un être sensible. C'est, que dire, l'expression nous manque, c'est du cartésianisme en action.

Par ces raisons et par toutes celles que nous avons déduites, lesquelles s'appuyent dans leur ensemble sur cette considération tirée de l'oubli de la première loi de la vie animale, celle du *consensus unus*, nous croyons pouvoir dire que l'opinion de Chirac, et celle d'Haller sont également insoutenables, qu'elles sont également ment fausses, et que les expériences de M. Magendie entachées des mêmes vices ne décident rien, absolument rien (1) sur la question du

---

(1) Comme cette décision peut paraître trop tranchante, admettons, contre tout ce que nous avons avancé, que M. Magendie ait assigné la véritable cause du

vomissement, malgré l'assentiment d'une commission composée d'hommes devant lesquels nous nous inclinons d'ailleurs : il n'est pas permis de comparer des aveux obtenus par la torture des expériences, quelque savante qu'on la suppose, avec ce qui se passe dans l'homme et les animaux livrés aux seules chances des maladies et des accidens que leur nature comporte. C'est chercher la vérité non pas dans la vérité même, mais dans des apparences vaines et mensongères, *non in veritate sed in vanitate.*

Nous ajouterons par compensation, que si

---

vomissement, qu'il ait sur ce point découvert le secret de la nature, et proposons la question suivante : Peut-on regarder la cause du vomissement qui a lieu dans la grossesse, dans la migraine, dans certaines affections du cerveau, dans la colique hépatique, dans la néphratique, dans la passion iliaque, etc.. comme identiques ? cela n'est pas vraisemblable, ou plutôt cela répugne. Or, si la cause du vomissement varie comme toutes les affections, à quoi peut servir la connaissance du cas particulier et contre nature que M. Magendie a découvert ? La réponse à cette observation nous paraît difficile.

la curiosité humaine n'est pas satisfaite, la véritable science, celle à laquelle on peut atteindre et qui est la seule utile, n'y perd rien. Que les médecins puissent faire vomir dans les circonstances qui l'exigent ; qu'ils aient découvert des médicamens propres à cet objet; que leur nombre et leur plus ou moins d'énergie, laisse le choix en cas de besoin, voilà qui est bon. Mais qu'on sache ou non comment on vomit, c'est ce qui paraît fort indifférent, et ce que nous tenons pour impossible.

Divina mens edocuit homines sua opera imitari, cognoscentes quœ faciunt, et ignorantes quœ imitantur. HIP.

FIN.

DE L'IMPRIMERIE DE DAVID, RUE DU FAUBOURG POISSONNIÈRE, N° 1.

www.ingramcontent.com/pod-product-compliance
Ingram Content Group UK Ltd.
Pitfield, Milton Keynes, MK11 3LW, UK
UKHW020112100726
13658UKWH00005B/2121